JN222131

よわい
いきもの

小宮輝之 監修
（元上野動物園園長）

朝日新聞出版

はじめに

みなさんは 「よわい いきもの」と きくと、
どんないきものを おもいうかべますか？
ウサギや コアラ、ヒヨコ、
ゆっくり うごく カタツムリでしょうか。
せかいには からだが ちいさい、かくれるのが じょうず、
にげあしが はやいなど、よわいけれど かしこく いきる
いきものが たくさん います。
このほんで いきものの いろいろな 「よわさ」を しって、
どんどん いきものを すきになってくれると うれしいです。

かんしゅう
こみや てるゆき

もくじ

このほんの　たのしみかた 12

いきものの　おおきさ 13

1 ちいさいからだ 14

2 なかまなのにちいさい 24

3 からだがよわい 28

4 めそめそしちゃう 36

5 うごきがおそい 38

6 すぐににげる 44

7 まもりにしゅうちゅう！ 52

8 かくれちゃう！ 58

9 スキだらけ！ 64

10 おそわれてもにげない 70

11 くらせるばしょがすくない 74

12 やせいにはもどれない！ 78

おおむかしの　いきもの

ちいさいからだ 88

いつもはらぺこ 90

あるところがよわい！ 92

すぐににげる 94

めそめそして よわい

みんなと いっしょが いい……

いつも むれの みんなと くらしているので、
ひとりになると げんきが なくなってしまいます。

リスザル

ぼくたち、よわ

からだが よわい

ひなたぼっこ
しなくちゃ……

さむいのが にがてなので、
たいようの ひかりで
からだを あたためます。

ワオキツネザル

4

はやく
うごけないよ……

うごきが とても ゆっくりなので
てきに みつかったら
おしまいです。

いいきもの

ノドチャミユビ
ナマケモノ

スキだらけで よわい

いつも ねむいの……

きの うえで ずっと ねむってい、て
1にち 4じかんしか おきていません。

コアラ

5

こわいから
いろいろな ところに

むれの なか

むれで くらして じぶんが
おそわれにくくしています。

まいわし
マイワシ

あなの なか

きけんを かんじると
あなに にげます。

あなうさぎ
アナウサギ

ちんあなご
チンアナゴ

かくれるよ。

コノハムシ（このはむし）

しぜんの　なか

はっぱの　ふりをして
てきから　かくれます。

**ほかの
いきものの　なか**

イソギンチャクの（いそぎんちゃく）　どくに
まもってもらいます。

カクレクマノミ（かくれくまのみ）

7

おそわれないように

きけんが　せまると
いそいで　にげます。

チクチク

からだに　ためる！

ヨツユビハリネズミ

8

マンボウ（まんぼう）

からだが　おおきいので
てきに　おそわれにくいです。

くふうしたよ。

ニホンイシガメ（にほんいしがめ）

かたい　こうらで
みを　まもります。

アオウミウシ（あおうみうし）

9

＼ ちっちゃいけど‥‥‥ ／

ハツカネズミ

5.8 〜 9.2 cm

フェネック

25 〜 40 cm

ハイイロオオカミと　おなじ
イヌの　なかまです。

オコジョ

18 〜 24 cm

ハイイロオオカミ

フェネック

がんばって

にほんにしか
いない

にほんかもしか
ニホンカモシカ

にんげんと
くらす

すこてぃっしゅふぉーるど
スコティッシュフォールド

いるよ！

\ このほんの /
たのしみかた

いきものを　とくちょうごとに　しょうかいしています。
どんなとくちょうが　あるのか　みてみましょう。

なまえ、おおきさ、おもさ、
いのちの　ながさが
かいてあります。
どれくらいの　おおきさなのか
おもいうかべてみましょう。

📏 おおきさの　マーク
⏲ おもさの　マーク
🦴 いのちの　ながさの　マーク

いきものの　ひみつが
かいてあります。

クイズ

いきものの　たのしい
クイズです。
こたえは　そのページの
したに　かいてあります。

おうちの方へ

※この本の内容は2024年12月時点のものです。今後変更が生じる場合があります。
※正しくは「ヤマトタマムシ」（亜種）のところ本書では「タマムシ」などのように、お子様でもわかりやすい種類名で記載しています。
※体長・体重・寿命などの数値は編集部で各種文献を調べた平均値で、個体差があります。野生下と飼育下でのデータがある場合、
　より一般的なほうを採用しています。雌雄で大きく差がある場合を除いて、平均値（あるいは最大値）を記しています。

いきものの おおきさ

いきものの おおきさは、どこを はかるかによって かわります。
このほんでは つぎの きまりで はかっています。

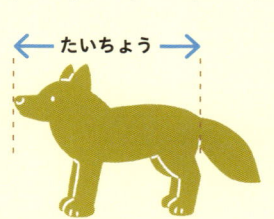
たいちょう

きほんの はかりかた。
はなの さきから しっぽの
つけね（おしり）までの ながさ。

たいちょう

クジラや イルカ、サカナの なかま。

ぜんちょう

ワニや トカゲ、ヘビの なかま。

ぜんちょう

トリの なかま。

こうちょう

こうちょう

カメや カニなど、こうらの ある いきもの。

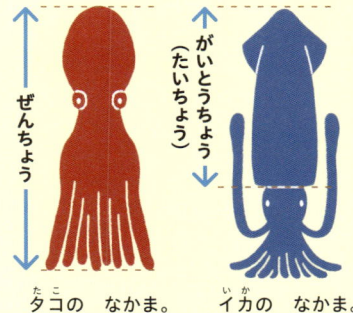
ぜんちょう　がいとうちょう（たいちょう）

タコの なかま。　イカの なかま。

たいちょう

ムシの なかま。

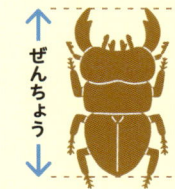
ぜんちょう

カブトムシや
クワガタムシなど、
つのや おおあごが
ある ムシ。

●べつの ところの おおきさを はかっていることも あります。

つばさをひろげた
ながさ

トリの なかま。

ちょっけい

クラゲや イソギンチャクなどを
うえから みたときの ながさ。

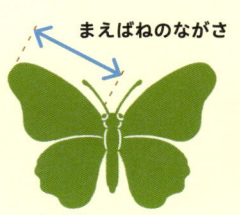
まえばねのながさ

チョウの なかま。

かたまでのたかさ

あしのうらから かたまでの
たかさ。

あたままでのたかさ

あしのうらから
あたままでの たかさ。

1 ちいさい からだ

ちいさい　からだの　いきものは、おおきい
からだの　いきものから　ねらわれやすいです。

📏 50〜60cm
⚖️ 3〜6kg　🗓 8〜10ねん

1にちじゅう　きの　うえで　せいかつし、タケや　タケノコを
たべています。ユキヒョウや　タカに　ねらわれます。
「レッサー」は　ちいさなという　いみです。

ふさふさの
しっぽ

ぎゃっ

うえから　みても
したから　みても
みつけにくいよ！

まえあしの
でっぱりで
ササを　にぎる

せなかは
ちゃいろ、
おなかは
くろ

14

キンカジュー

📏 40〜70cm　⏱ 1.4〜4kg
🗓 20〜40ねん

ほとんどの　じかんを　きの　うえで　すごし、
ながい　したで　はなの　ミツを　なめます。
するどい　つめや　ながい　しっぽを　つかって
えだから　えだへ　いどうできます。

あっかんべー

くだものや
ムシも
すきだよ！

ハクビシン

📏 50〜75cm
⏱ 3〜5kg　🗓 7〜10ねん

きの　うえで　くらしていて、
くだものや　ムシを　たべます。
フクロウや　タカ、オオカミに　ねらわれます。

ミーアキャット

📏 25〜35cm
⏱ 600g〜1kg　🗓 10ねん

じめんに　あなを　ほって　すを　つくり、
たくさんの　なかまと　「むれ」で　くらしています。
きょうりょくして　かりや　こそだてをします。
てきを　はやく　みつけるための　みはりが　います。

たちあがって
みはる

じっさいの
おおきさ
➡

15

ジャブジャブ

じっさいの
おおきさ
←

ニホンイタチ

📏 27〜37cm　⏱ 460g〜1kg（オス）/ 200〜430g（メス）　🗓 1.9ねん

かわの　そばに　すみ、ネズミや　カエルを　たべます。
フクロウや　キツネに　ねらわれます。
とくに　メスが　ちいさいです。

500mLの
ペットボトルと　くらべると……

オコジョ

📏 18〜24cm
⏱ 60〜200g　🗓 1〜2ねん

さむいところの　いわばに　すんでいます。
キツネや　タカに　ねらわれます。
うごきが　とても　すばやく、
きのぼりや　およぎが　とくいです。

ふゆになると
まっしろになる

オコジョは　なつと　ふゆに　けが
はえかわります。なつは　きや　つ
ちと　おなじ　ちゃいろに、ふゆは
ゆきと　おなじ　しろに　なります。

しっぽの
さきが　くろい

ニホンテン

- 40〜50cm
- 800g〜2kg
- 3〜4ねん

きの うえで くらしています。
きの あなや いわの すきまに
すを つくります。
ふゆになると かおが しろ、
からだが きいろになります。

クイズ

なつになると
ニホンテンの かおの
けは くろになる？
きいろになる？
こたえはこのページのしただよ

ジャンプも
とくいだよ

ピョーン！

フェレット

- 20〜46cm
- 200g〜1.7kg
- 5〜10ねん

2000ねんいじょうまえに ヨーロッパケナガイタチを
かいならしたものと いわれています。にんげんの
かりを てつだい、ウサギを つかまえていました。

ヨーロッパ
ケナガ
イタチだよ

➡ じっさいの おおきさ ⬅

ハムスターの なかでも
ちいさい
ロボロフスキーハムスター

ハムスターの なかでも
おおきい
ゴールデンハムスター

ハムスター

📏 12〜16cm 　⏱ 130g
🧬 2〜3ねん（ゴールデンハムスターのばあい）

くちの なかに たべものを しまえる 「ほおぶくろ」が
あります。たべものを つめこんで すに もちかえり、
あとから とりだして たべます。

クイズ

ハムスターの はは
いっしょう のびつづける？
のびつづけない？
こたえはこのページのしただよ

おおきな みみ

まるくなると
メロンくらい！

チンチラ

📏 23〜38cm 　⏱ 500g（オス）/ 800g（メス）
🧬 10ねん

たかい やまで くらしていて、
キツネや イタチ、フクロウに
ねらわれます。いわの あいだに
すを つくります。
うつくしい けが とくちょうです。

やわらかな
け

ふさふさの しっぽ

クイズのこたえ：のびつづける

ハツカネズミ

📏 5.8〜9.2cm　⏱ 12〜20g　🌱 100にち

せかいじゅうに すみ、
にんげんの いえの ちかくに すむこともあります。
いろいろな てきに ねらわれますが、
こどもを たくさん うんで いきのこります。

10えんだまと
くらべると……

20かで ふえる

ハツカネズミの じゅみょうは
みじかいですが、20かで こ
どもが うまれます。

ケープハイラックス

📏 30〜58cm
⏱ 3.6〜4kg
🌱 10ねん

ライオンや ヘビがいる サバンナで
すごしています。きけんを かんじると
いわの あいだに ある すに にげます。
おおきな ネズミのようですが
ゾウの しんせきです。

2ほんの キバ

せなかに
くろい せん

ヤマネ

📏 6.1〜8.4cm　⏱ 20g　🌱 5ねん

きの あなの なかに
こけや きの かわを はこんで
すを つくります。ほそい えだに
ぶらさがって いどうします。
ふゆは ねむって さむさを
のりこえる 「とうみん」を します。

じっさいの
おおきさ
◀

しっぽの さきが くろい

オグロプレーリードッグ

📏 28 〜 33 cm
⚖ 700 g 〜 1.4 kg　🧬 5 〜 10 ねん

そうげんに ほった あなに むれで
くらしています。てきが ちかづくと、
いりぐちに いる みはりやくが
ないて なかまに しらせます。

クイズ
「ドッグ」は
イヌという いみ。
イヌみたいなのは
なきごえ？ しぐさ？
こたえはこのページのしただよ

リチャードソンジリス

📏 30 cm
⚖ 300 〜 500 g　🧬 2 ねん

オスは 1 ぴき、メスは むれで
せいかつしています。
てきが ちかづくと
「キーキー」 という
なきごえで おどかします。

キーキー

クイズのこたえ：なきごえだよ

クイズ

**❶、❷、❸は
どのどうぶつの
しっぽかな？**
こたえはこのページのしただよ

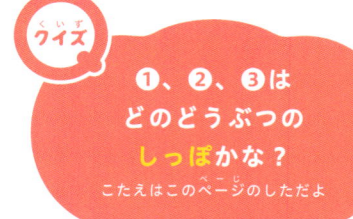

❶

❷

❸

アルプスマーモット

📏 30〜60cm　⚖ 3〜7.5kg
🕐 15〜18ねん

たかい　やまに　ほった　あなに
むれで　すんでいます。
てきが　ちかづくと
「ピーピー」と　なきます。
1ねんの　はんぶんは
とうみんします。

ピーピー

クイズのこたえ：
①リスザル（サルのなかま）、②アルプスマーモット（ネズミのなかま）、③オセロット（ネコのなかま）

21

ながい　みみ

トビウサギ

- 📏 35〜43cm
- ⚖️ 3〜4kg　⏳ 7ねん

サバンナの　ちかに　とても
ながい　トンネルを　ほって
むれで　せいかつしています。
よるになると　たべものを
さがすために　10kmも　いどうします。

ピョーン

3〜4mも　ジャンプできる

ながい　しっぽ

ウサギじゃない

トビウサギは　なまえに　「ウサギ」と
はいっていたり、カンガルーに　にてい
たりしますが、ネズミの　なかまです。

ネズミじゃ
なくて
ウサギの
なかまだよ

キチッ!

ナキウサギ

- 📏 12〜16cm　⚖️ 120〜160g

たかい　やまの　いわばで　くらしています。
オコジョや　フクロウや　タカに　ねらわれています。
ことりのような　なきごえで　なかまと　はなします。

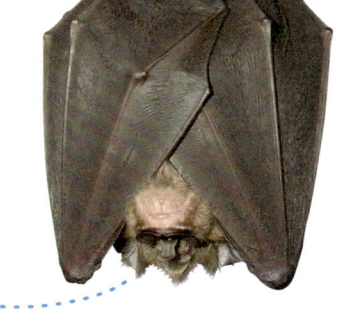

キクガシラコウモリ

📏 6.3〜8.2cm　⚖ 17〜35g　⏳ 20ねん

ほらあなの　てんじょうに
さかさまで　ぶらさがっています。
とんでいる　ムシを　たべます。
「ちょうおんぱ」という
にんげんには　きこえない
たかい　おとを　だして
まわりのものの　いちを
しります。

じっさいの
おおきさ
➡

はなから
ちょうおんぱを　だす

ペットボトルの　キャップと
くらべると……

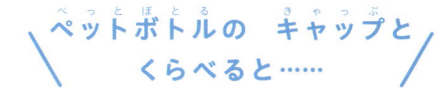

ヤモリ

📏 10〜14cm
⚖ 2.3〜4g　⏳ 5〜10ねん

にんげんの　いえの　なかや　ちかくに
よくいます。あしの　うらに
こまかい　けが　たくさん　はえているので
かべや　てんじょうを　いどうできます。

メダカ

📏 4cm　⏳ 1ねん

ながれが　おそい　かわや　みずうみに
すんでいます。ザリガニや　ヤゴや　トリに
ねらわれています。

2 なかまなのに ちいさい

おなじ　しゅるいなのに　からだが　ちいさい　いきものです。

ネコ のなかま

おおきな　みみ

ながい　あし

サーバル

📏 70 ～ 100 cm

⚖️ 8.5 ～ 19 kg　⏳ 10 ねん

みみが　とても　よく、つちの　なかの
ネズミが　だす　おとも　きこえます。
3m も　ジャンプして
とんでいる　トリを　つかまえます。

スナネコ

📏 40 ～ 60 cm

⚖️ 2 ～ 2.5 kg　⏳ 10 ～ 14 ねん

さばくに　すんでいます。
あしの　うらの　けが
あつい　すなから　あしを　まもります。
みみの　けが　ながいので、
すなが　みみの　なかに　はいりません。

みみに
ながい　け

あしの
うらに　け

スナドリネコ

📏 55〜85cm
⚖ 6〜14kg 　🌀 10ねん

ぬまや かわの ちかくで せいかつしていて、
およぎが とくいです。さかなを じょうずに
つかまえることが できます。
「スナドリ」は さかなを とる という いみです。

ちいさな みずかきが ある

サビイロネコ

📏 35〜48cm 　⚖ 1.1〜1.6kg

ネコの なかまで
いちばん ちいさいです。
もりや そうげんに すんでいて、
トリや ネズミ、ムシを たべます。
とても めが よいです。

マヌルネコ

📏 50〜65cm
⚖ 2.5〜5kg 　🌀 10ねん

たかい やまの いわばや さばくで くらしています。
うごきは あまり はやくありませんが、
おとを たてずに えものに しのびよって
かりをします。

ながい け

めの いちが
たかい

トラと
くらべると……

サーバル

スナドリネコ

マヌルネコ

スナネコ

サビイロネコ

イヌ のなかま

ホッキョクギツネ

📏 46～68 cm
⚖️ 2.5～9 kg　⏳ 3～5ねん

とても　さむいところに
すんでいます。
マイナス70℃でも　うごけます。
ふゆは　けが　まっしろですが、
なつは　はいいろです。

キツネの　かり

キツネは　1mほど　ジャンプして、まうえ
から　ネズミなどを　つかまえます。

セグロジャッカル

📏 45～90 cm　⚖️ 6～15 kg　⏳ さいだい14ねん

さばくや　そうげんや　サバンナで
くらしています。
ふうふが　いっしょう　かわりません。
かぞくで　むれを　つくり
きょうりょくして
こそだてします。

ながさ　15cmの
おおきな　みみ

フェネック

📏 25～40 cm
⚖️ 800g～1.5kg　⏳ 10～12ねん

イヌの　なかまで　いちばん　ちいさいです。
さばくに　あなを　ほって、ひるの　あつさや
よるの　さむさから　にげています。

ハイイロオオカミと
くらべると……

セグロジャッカル

ホッキョクギツネ

フェネック

シカ のなかま

ジャワマメジカ

📏 40〜60cm　⏱ 700g〜2kg

シカの　なかまで　いちばん　ちいさく、
ウサギくらいの　おおきさです。

うごきは　おそく、とても　こわがりです。
オスには　キバが　あります。

ヘラジカと
くらべると……

ジャワマメジカ

ちいさいけれど
けっこう
こうげきてき
だよ！

ペンギン のなかま

コガタペンギン

📏 36〜43cm　⏱ 1〜1.5kg

いちばん　ちいさい　ペンギンです。

このほんを　ひらいたくらいの　おおきさです。
「フェアリーペンギン」とも　よばれていて、
「フェアリー」は　ようせいという　いみです。

コウテイペンギンと
くらべると……

コガタペンギン

3 からだが よわい

からだの いろいろなところが
よわい いきものが います。

トカゲ
（と か げ）

📏 20〜25cm（せんちめーとる）
⏱ 5〜18g（ぐらむ）　⏳ 5〜6ねん

きれても
うごく しっぽ

くさむらに すんでいて、
ムシ（む し）を たべます。てきに つかまると しっぽを きります。
てきが うごく しっぽを みているうちに にげます。

クイズ（く い ず）
トカゲの しっぽは
きれても はえてくる？
はえてこない？
こたえはこのページ（ペ ー じ）のしただよ

せなかに 5ほんの
くろい せん

しっぽが
すぐに
きれるよ

シマリス
（し ま り す）

📏 12〜15cm（せんちめーとる）　⏱ 71〜116g（ぐらむ）
⏳ 6〜10ねん

おおきな しっぽと じょうぶな まえばを
もっています。トカゲ（と か げ）と おなじように、
てきに つかまると しっぽを きって にげます。
リス（り す）の しっぽは トカゲ（と か げ）と ちがって
また はえてきません。

ふさふさの しっぽ

クイズのこたえ：はえてくる

ながい　みみ

あたまが
じゃくてん！

30cmも　ある
した

かたい　つめ

ツチブタ

📏 1〜1.6m
⚖️ 40〜100kg ⏲️ 15ねん

じめんに　ほった　あなで　くらしています。
1mの　あなを　5ふんで　ほれます。
あたまの　ほねが　やわらかいので、
かたい　きや　いわに　ぶつかると　しんでしまいます。

なにも
みえない！

おおきな
つめ

メスの　おなかに
こそだてをする　ふくろが　ある

フクロモグラ

📏 12〜16cm ⚖️ 40〜70g

さばくに　ほった　トンネルで
せいかつしています。
めや　みみが　わるいですが、
においや　さわった　かんかくで
じょうずに　えものを　みつけます。

ワオキツネザル

📏 31〜48cm 　⚖ 2.5〜2.8kg
⏳ 16〜19ねん

はなが　つきでた　かおが
キツネのようです。たいおんちょうせつが
うまく　できないので、たいようの　ひかりで
からだを　あたためます。

ポカ
ポカ

あさひを　あびてから　かつどうする

あさは
うまく
うごけないの

わっかの　もよう

オスは　てくびの
うちがわから
においが　でる

クイズ
キツネザルは
マダガスカルとうにしか
いない？
ほかのところにも　いる？
こたえはこのページのしただよ

まっすぐしか
みられない！

きゅうばんのような
ゆび

メガネザル

📏 11.8〜14cm 　⚖ 110〜153g

ひるまは　きの　うえで　やすみ、
よるになると　ムシを　さがします。
まっくらな　よるでも
ものを　みることが　できます。
おおきな　めは
うごかすことが　できません。

クイズのこたえ：マダガスカルとうにしかいない

ベローシフアカ

📏 43～45cm
⚖️ 3.4～3.8kg
🕐 5～10ねん

きの　うえで　せいかつし、はっぱを　たべます。
あしの　ちからが　つよく、10mも　ジャンプできます。
じめんを　あるくときは、てと　ながすぎる　あしを
いっしょに　つかえないので　よこむきで　とびます。

ブラーン

うたで
なかまと
かいわする

よこむきだって
はやいんだよ！

シロテテナガザル

📏 42～59cm
⚖️ 5～7.6kg（オス）/ 4.4～6.8kg（メス）
🕐 30～35ねん

あしより　うでが　ながく、
えだを　てで　かわるがわる
つかみながら　いどうします。
いどうちゅうに　きから　おちて
ほねを　おってしまうことが
よく　あります。

コ〜
コ〜

コ〜

あたまの
てっぺんは
あかい

さむくて
ひろいところが
すきなの

つばさの　さきが
くろい

タンチョウ

- 1.4〜1.6 m
- 10 kg
- 20〜30ねん

さむくて　しめったところに　すんでいます。
ふゆになると　こおっていない　かわで
ねます。ふうふが　いっしょう　かわりません。
こそだても　きょうりょくします。

けっこん ダンス

オスと　メスが　とびはね
たり、はねを　ひろげたり
する　ダンスで　けっこん
を　もうしこみます。

ほそくて
ながい　け

くびの
まえがわと　むね、
あしの　うちがわが
しろい

グアナコ

📏 1.2〜2.2 m
⚖ 100〜120 kg 　⏱ 20〜25ねん

さむくて　かんそうした　そうげんや
さばくや　やまに　すんでいます。
さむさには　つよいですが、
あついところは　にがてです。

ふわ ふわ

むねの　けが
しろくて　ながい

ビクーニャ

📏 1.2〜1.9 m
⚖ 35〜65 kg 　⏱ 15〜20ねん

たかい　やまの　さむくて
かんそうした　そうげんで
くらしています。
さむくても　へっちゃらですが、
あつさには　よわいです。

ゲンジボタル

📏 1.5 cm（オス）/ 2 cm（メス）
🐛 せいちゅうご 10〜14にち

ながれが おそい かわに
すんでいます。
こどもの 「ようちゅう」は
カワニナという カイを たべますが、
おとなの 「せいちゅう」は
みずしか のみません。みずが
きたないところでは いきられません。

みずが
きれいすぎても
だめだよ！

おしりの さきが
ひかる

まるくて
たいらな
からだ

ディスカス

📏 15〜20 cm
🕐 5〜7ねん

アマゾンがわという あたたかい かわで
くらしています。30℃くらいの みずでは
げんきに およげますが、つめたくなると
うごけなくなります。からだの ひょうめんから
「ディスカスミルク」という えきを だして
こどもに あげます。

ミナミトビハゼ

📏 10 cm
🕐 1〜3ねん

かわが うみに ながれこむところに
すんでいます。ふつうの サカナは
えらで いきをしますが、
トビハゼは ひふでも いきが できます。
サカナなのに、ずっと みずの なかに
いると おぼれてしまうことが あります。

みずは
にがてだよ

とびでている め

チョウチョウウオ

📏 10〜20cm

あたたかい うみの いわばや サンゴしょうに
すんでいます。からだが うすく、
チョウのように ひらひらと およぎます。
みずが つめたいと しんでしまいます。

いろいろな かたちの くち

チョウチョウウオの なかまは くちの かたち
で なにを たべているのかが わかります。

トノサマダイ
サンゴを たべる

**カスミ
チョウチョウウオ**

みずの なかを ただよう
とても ちいさな いきもの
「プランクトン」を たべる

**セグロ
チョウチョウウオ**
エビや カニを たべる

ダンゴウオ

📏 4cm 🗓 1〜2ねん

つめたい うみで
くらしています。およぐことが
にがてで、ときどきしか
およぎません。
きゅうばんのような
むなびれで かいそうや
いわに くっつきます。

ピトッ

4 めそめそしちゃう

おちこんで　よわっている　いきものは
てきから　にげられません。

ヒューン

まえあしと
うしろあしの
あいだに　ある
ひまく

ひとりは
さみしいの！

おおきな　め

クイズ フクロモモンガが
すんでいるところは
あたたかい？　さむい？
こたえはこのページのしただよ

フクロモモンガ

📏 16 〜 21 cm
⚖ 95 〜 160 g

あしの　あいだに　ある　ひまくで　50mも　とぶことが
できます。むれで　すごしていて、
1ぴきだけになると　ストレスを　かんじてしまいます。

しっぽで
バランスを
とるよ！

リスザル

📏 27 〜 37 cm
⚖ 500g 〜 1.1 kg
⏳ 10 〜 15ねん

からだが　ちいさく　すばしっこいです。
ムシや　カエルや　くだものを　たべます。
ながい　しっぽは　アカクモザルのように
えだや　ものを　つかめません。
たくさんの　なかまと　くらしているので、
1ぴきだけになると　げんきが　なくなってしまいます。

からだより
ながい　しっぽ

クイズのこたえ：あたたかい

せんぶ
いやに
なっちゃう！

マダコ

（まだこ）

📏 60 cm

🕐 2ねん

あたたかい うみの いわの くぼみで せいかつしています。
タコは イヌくらい かしこいと いわれています。
いやなことが あると じぶんの あしを たべてしまいます。
ふつう タコの あしは きれても トカゲのように
はえてきますが、じぶんで たべた あしは はえてきません。

みみのような
ひれを うごかして
ふわふわと およぐ

メンダコ

（めんだこ）

📏 20 cm

🕐 さいだい 78 にち

くらくて しずかな うみの
ふかいところに すんでいる
ちいさな タコです。
あかるかったり
うるさかったりすると
よわってしまいます。

5 うごきが おそい

うごきが おそいと
てきに ねらわれやすいです。

マレーバク
まれーばく

📏 2.2〜2.5m
⚖ 250〜320kg
🕐 25ねん

あついところの もりに すんでいて、
バクの なかまで いちばん おおきいです。
みずに はいるのが だいすきです。
においを かぎながら
ゆったり なわばりを
あるきます。

> マレーバクの
> こどもだよ！

しろと くろの
もよう

うわくちびると
いっしょになった
はな

しっぽは
ない

> ムシに
> きづかれたら
> にげられちゃう

ずっと まえから
おなじ すがた

マレーバクは 2000まんねんまえから ほ
とんど すがたが かわりません。ケナガ
マンモスが うまれるよりも ずっと ま
えから このすがたで いきています。

スローロリス
すろーろりす

📏 30〜34cm
⚖ 400〜600g
🕐 10ねん

きの うえで くらし、むれは つくりません。
おとを たてないで ゆっくり うごき、
ムシを つかまえます。

ての
ひとさしゆびが
みじかい

ノドチャミユビナマケモノ

📏 40〜77cm　⏱ 2.3〜5.5kg

あついところの　もりの　きの　うえに
すんでいます。1にちに　15〜20じかん
ねて、おきても　じっとしています。
1しゅうかんに　1かい　うんちをするために
きから　おりますが、うごきが　おそいので
てきに　みつかったら　にげられません。

まえあしの
ゆびが　3ぼん

およぎは
とくいだよ！

モグラ

📏 12〜16cm
⏱ 48〜130g　🕒 3ねん

シャベルのような　まえあしで　つちの　なかに　トンネルを　ほって
くらしています。1じかんで　80cmしか　ほれません。
4じかん　ほったら　4じかん　やすみます。

クイズ
モグラの　トイレから
はえてくるものは？
こたえはこのページのしただよ

あなを
ほるのも
けっこう
たいへん！

においと　ゆれで
たべものを　さがす

ゴロ ゴロ

300mまで もぐることが できるよ！

マナティー

📏 2.8〜4.5m

⚖ 200〜600kg 🕙 50ねん

かわや　あさい　うみを
のんびり　およぎます。
みずに　うかんでいる　くさを
たべるために　くちが
うえむきです。

ゴマフアザラシ

📏 1.6〜1.7m 　⚖ 80〜120kg 　🕙 13ねん

さむい　うみの　こおりの　うえで　くらしています。
まえあしが　ちいさく、うしろあしを
まげられないので、じめんを　はって　いどうします。
りくでは　ゆっくりですが、うみでは　すばやく
うごいて　サカナを　つかまえます。

ジュゴン

📏 2.4〜3m 　⚖ 250〜420kg
🕙 70ねん

あたたかくて　あさい
うみの　なかを
ゆっくり　およぎます。
うみの　そこの　かいそうを
たべるために　くちが
したむきになっています。

ゆっくりが
いいよ〜

しゃもじのような
おびれ

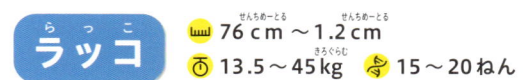

ラッコ

📏 76 cm 〜1.2 cm
⚖ 13.5〜45 kg　⏱ 15〜20ねん

つめたい　うみに　ういて　すごしています。
いしを　つかって、カイや　カニを
おなかの　うえで　わって　たべます。
りくでは　うごきが　おそいです。

みずかきのような
うしろあし

およぎは
とくい！

なんで うみに うくの？

ラッコは　ぜんしんに　8〜10おくほんも
けが　はえています。けと　けの　あいだに
くうきが　はいって、うみに　うかぶことが
できます。

イルカとおなじ
さんかくの　おびれ

41

ジンベエザメ

📏 13m 🕐 70〜100ねん

あたたかい うみで くらす、せかいで いちばん おおきな サカナです。
およぐ はやさは にんげんが あるく はやさと おなじです。

とっても
おとなしいよ！

はいいろに しろの
みずたまもよう

ひらたい あたま

クイズ
ジンベエザメの はは
800ぼん？
8000ぼん？
こたえはこのページのしただよ

おおきな くちで
プランクトンや
ちいさな エビを
すいこんで たべる

42

クイズのこたえ：8000ぼん

めが ないのに
ひかりを
かんじることが
できるよ!

ミミズ

🔸 7〜8 cm
🔹 2ねん

つちを たべて えいようの
ある ふんを だします。
オスと メスの くべつが なく、
どの ミミズも たまごを
うむことが できます。

のろ のろ

キシャヤスデ

🔸 3.5 cm 🔹 5ねん

くさった きや いし、じめじめした
おちばの したに います。
ムカデと くらべて うごきは
おそく、せいかくも おとなしいです。

しょっかくの
さきに め

ミスジマイマイ

🔹 3〜5ねん

マキガイの なかまで、
どうろや にわや やまに います。
1びょうで 1mm くらいしか
すすむことが できません。

からが ない

ナメクジ

🔸 8 cm 🔹 2〜3ねん

からが とても ちいさくなって みえなくなった
カタツムリの なかまです。せまい すきまに
はいれます。あしの はやさは
ミスジマイマイと あまり かわりません。

6 すぐに にげる

てきを たおす ちからが ないので、
てきを みかけたら もうダッシュで にげます。

おおきな
むれは
100とうくらい！

おなかまで ある
しまもよう

サバンナシマウマ

📏 2.1〜2.5m 　⏱ 175〜385kg 　🏃 25ねん

サバンナで くらしていて、
あめが ふらなくなると
むれで いどうして みずを さがします。
てきが ちかづくと もうスピードで にげます。

シマウマの もよう

ムシは しまもようには ちかづきません。と
まって さすことが できないので、シマウマ
に ムシが もっている びょうきが うつり
にくいと かんがえられています。

プロングホーン

📏 1〜1.5m ⏱ 36〜70kg 🕐 11ねん

とても　あしが　はやく、25mを
1びょうで　はしることが　できます。
オオカミや　コヨーテに　おいかけられても
ながい　じかん　はしりつづけます。

2つに　わかれた
つのが　あるのは
オスだけ

ずっと
にげれば
いいのさ！

くびに
しろい　もよう

クイズ　プロングホーンの
つのは　いっしょう
のびつづける？
はえかわる？
こたえはこのページのしただよ

オスの　つのは
おおきい

じまんの
つの！

くちと　おしりの
けは　しろい

ビッグホーン

📏 1.6〜1.9m ⏱ 30〜145kg
🕐 6〜15ねん

やまの　いわばで　くらしていて、
オスと　メスが　べつべつに
むれを　つくります。
オスに　さいだい　120cmの
つのが　あります。がけを
ピョンピョンと　のぼります。

うしろの
2ほんが
ながい

しげみの
なかに
にげるよ！

ヨツヅノレイヨウ

📏 80cm〜1m ⏱ 15〜25kg

ウシの なかまで、オスだけ 4ほんの
つのが あります。とてもこわがりで、
きけんを かんじると すぐに にげます。

びっくりすると
とびはねちゃう！

オスメス
りょうほうに
つの

こしの けを さかだてて
とびはねる

スプリングボック

📏 1.2〜1.4m
⏱ 30〜48kg

サバンナで くらしていて、オスと メスで
べつべつの むれを つくります。
おどろくと 2mも ジャンプします。

オリックス

📏 1.5〜2.2m ⏱ 100〜210kg
⏳ 15〜20ねん

さばくに むれで すごしています。
みずが なくても
1しゅうかんいじょう
いきることができます。じめんを
ほって しょくぶつの ねっこを
たべることが あります。

オスにも メスにも
1mの つのが ある

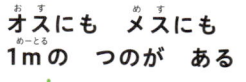

オスだけに
つの

インパラ

📏 1.1〜1.5m ⏱ 40〜65kg

サバンナで せいかつしています。
きけんを かんじると
たかさ 3m、ながさ 10mの
ジャンプをしながら にげます。

オスだけに ある
つのは
ねじれている

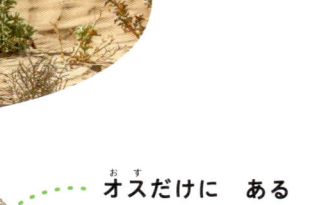

オスは くろ、
メスは ちゃいろ

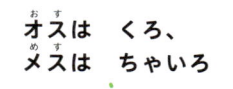

ブラックバック

📏 1〜1.5m ⏱ 32〜43kg ⏳ 15ねん

そうげんに 15〜50とうの むれで
すんでいます。てきが ちかづくと
とびはねながら にげます。

47

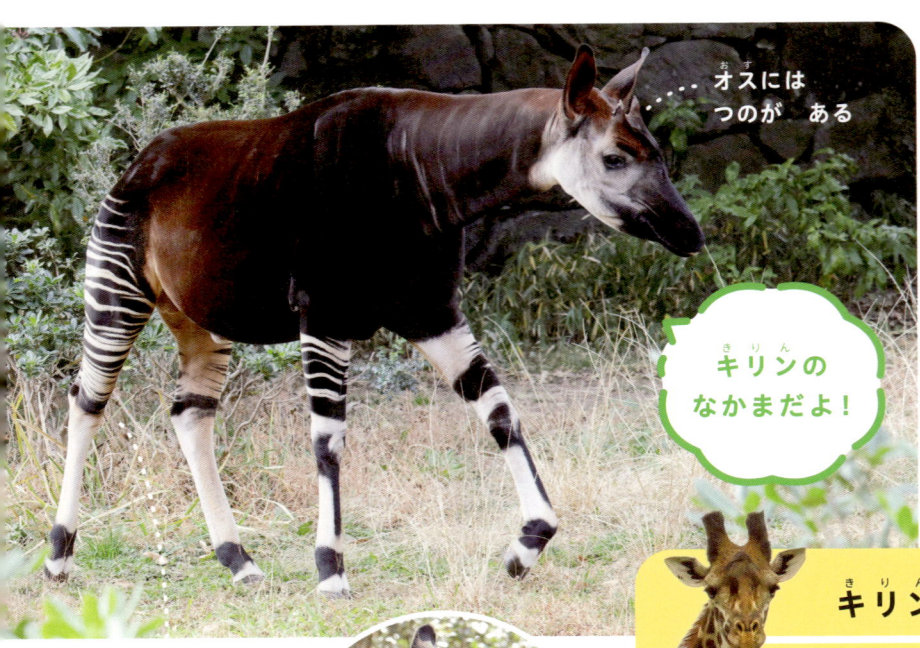

オスには
つのが　ある

あしと　おしりに
しまもよう

ながい　した

キリンの
なかまだよ！

オカピ

📏 2〜2.2m　⏱ 200〜300kg
⏳ 30ねん

あついところの　もりで
すごしていて、ながい　したで
きの　はっぱを　ひきよせて
たべます。
めと　みみが　よく、
きけんが　せまる　まえに　に
げます。

キリンの　なかま

オカピは　1901ねんに　はっけん
されました。キリンと　オカピの　すがたは
ぜんぜん　ちがいますが、からだの　しくみ
が　にています。

オスだけ　きばが　ある　　　おおきな　みみ

シベリアジャコウジカ

📏 86cm〜1m　⏱ 13〜18kg

やまの　なかの　もりに　すんでいます。
オスは　おなかから　「ジャコウ」という
においを　だして　メスを　ひきつけます。
とても　こわがりで　すぐに　にげます。

クイズ
エゾシカの つのが
あるのは オスだけ？
オスメス どちらも？
こたえはこのページのしただよ

えだわかれする
つの

なつは
くりいろに
しろい
てんもよう

ふゆは
はいいろっぽい
ちゃいろ

エゾシカ

📏 1.5m　⚖️ 100kg　⏱ 5〜8ねん

ほっかいどうの やまや はらっぱで せいかつしています。
つのは はるになると とれ、あきまで おおきく のびます。

オスは つのと
きばが ある

ギャー
ギャー

キョン

📏 70〜96cm　⚖️ 10〜16kg
⏱ 5〜12ねん

ちゅうごくや たいわんの
もりで くらす
ちいさい シカです。
とても こわがりで
いつもと ちがうことが
あると にげます。

おおきな こえで
ほえる

クイズのこたえ：オスメスどちらも

ギーッチョン

キリギリス
きりぎりす

📏 3cm（ヒガシキリギリスのばあい）
せんちめーとる　ひがしきりぎりす

くさむらに　すみ、
ムシや　くさを　たべます。
なつの　ひるに
はねを　こすって　なきます。
おおきな　うしろあしで
ちからづよく　ジャンプします。

はねは　みじかく、
そらを　とぶことは
できない

クイズ
キリギリスの
みみが　あるのは
むね？　まえあし？
こたえはこのページのしただよ

スズムシ
すずむし

📏 1.5〜1.7cm
せんちめーとる

なつから　あきの　よるに　すずのような
おとで　なきます。こわがりで
ひとが　ちかづきすぎると
なくのを　やめて　にげます。

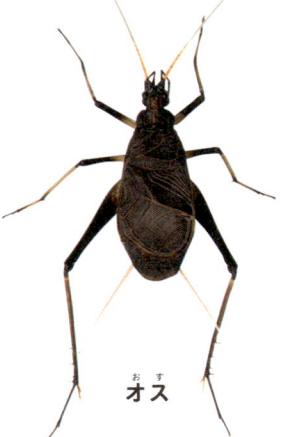

オス

メス

キリギリスと　おなじで
はねを　こすりあわせて　おとを　だす

リィー
リィー
リィー

クイズのこたえ：まえあし

トビウオ
トビウオ　📏35cm　⏳1ねん

てきに　すいめんに　おいつめられると
ながい　むなびれと　はらびれを　ひろげて　にげます。
さいこうで　400m　とべますが、
とびすぎると　トリに　たべられます。

したの　ほうが　ながい　おびれ

トビウオの
こども

トビウオは　こどものときから　ひれが　ながいです。ながれている　もに　かくれてくらしています。からだがきずつきやすいです。

むなびれ

はらびれ

ピューーン

ホタテガイ

📏 からのおおきさ20cm　⏳10ねん

ふかさ　10 〜 30mの
いわの　おおい　さむい　うみに
すんでいます。
からを　あけたり　しめたりして
およいで　にげます。

7 まもりに しゅうちゅう！

よわくて じぶんから こうげきできないので、
おそわれにくい からだになりました。

チクチク のからだ

ちかづかないで！

みみが いい

5000ぼんの
はり

うしろあしの
ゆびが 4ほん

ヨツユビハリネズミ

📏 17〜23.5cm 　⏱ 230〜700g
⏳ 3〜5ねん

ひるは すで すごし、よるに たべものを さがします。
きけんが せまると まるまって、
せなかに はえている はりで みを まもります。

ハリセンボン 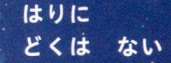 30cm

あたたかい うみに すんでいて、
およぎは にがてです。
きけんを かんじると 1びょうで
からだを ふくらませて
はりを たたせます。

はりに
どくは ない

おなかに
みずと くうきを
いれて ふくらむ

クイズ ハリセンボンが
ふくらむと
もとの おおきさの
2 ばい？ 3 ばい？
こたえはこのページのしただよ

うごきは
とてもおそい

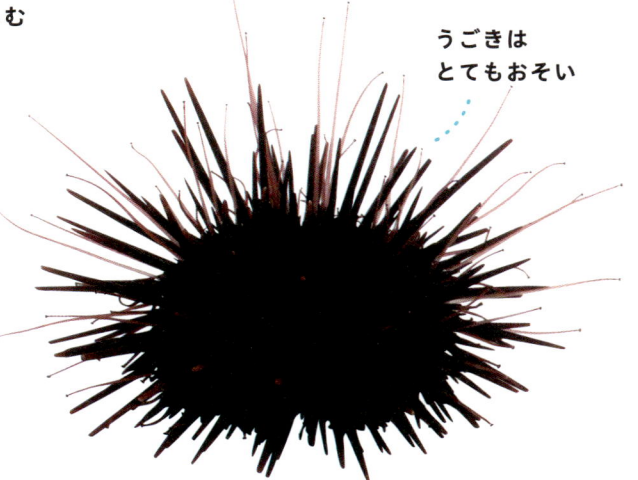

ムラサキウニ
からのおおきさ 5〜6cm
15ねん

あさせの いわの すきまに すみ、
かいそうを たべます。とげの あいだから
いとのような あしを のばし、
いわに くっつけて いどうします。

カチコチのからだ

こどものときは
ゼニガメと
よばれるよ

ニホンイシガメ

📏 11〜21cm
⏱ 150〜250g（オス）/ 550g〜1.5kg（メス）
🕐 30〜50ねん

みずの きれいな かわや いけに
すんでいます。きけんを かんじると
あたまと まえあしと うしろあしを
かたい こうらの なかに
しまいます。

こどものときは
しっぽが ながい

くちばしが
ある

きいろっぽい こうら

サザエ

📏 からのたかさ10cm
🕐 7ねん

ふかさ 20〜30mの
いわの おおい うみに すんでいて、
かいそうを たべます。
かたい からの とげは なみの
あらいところで そだつと
おおきくなります。

からの
うちがわは
しんじゅのよう

てきに ねらわれると
ふたを とじる

オカダンゴムシ
おかだんごむし

📏 1.5 cm

🗓 3〜5ねん

くらくて じめじめしたところに います。
トカゲや カエル、トリに ねらわれています。
からだを まるめて みを まもります。

つるつるの
よろい

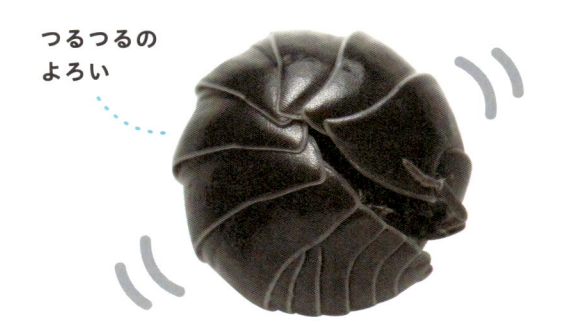

おしりから
みずを のむ

エビや カニの なかま

「ムシ」と ついていますが、エビや
カニの なかまです。うみには 「ダイ
オウグソクムシ」という にた すがた
の いきものが います。

からは
うまれたときから
ある

おおきな はさみ

ホンヤドカリ

📏 1 cm

🗓 20〜30ねん

なみうちぎわの いわばに います。
やわらかい おなかを かいがらの なかに
いれて まもります。びっくりすると
かいがらの なかに かくれます。

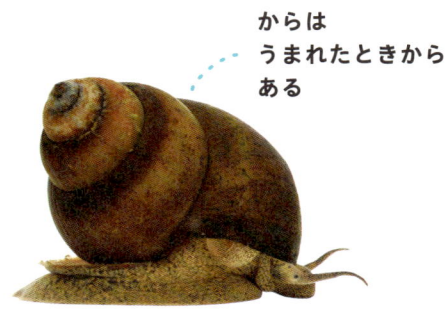

ヒメタニシ

📏 からのたかさ 3 cm

🗓 2〜4ねん

かわや いけに すみ、
いしに ついた もを たべます。
ふゆになると つちに もぐって
とうみんします。

どく があるからだ

にんげんには
きかない！

かさを とじたり
ひらいたりして
およぐ

かさに
もようが ある

ミズクラゲ
（みずくらげ）

📏 かさのちょっけい 10〜30cm（せんちめーとる）

📅 1ねんはん

イソギンチャクや サンゴの なかまで、（いそぎんちゃく）（さんご）
うみに ふわふわ ういています。かさの ふちに ある
「しょくしゅ」に ものが あたると どくばりが でます。

かさの もよう

ミズクラゲは とうめいなので からだ（みずくらげ）
の なかが まるみえです。ごはんを
たべると かさの 4つの わっかのよ
うな もようの いろが かわります。

ニセクロナマコ
（にせくろなまこ）

📏 30cm（せんちめーとる）

サンゴしょうで くらしています。（さんご）
おどろくと おしりから
しろい いとのようなものを だします。
からだに どくが あります。

くちに
しょくしゅが
ある

ウニや
ヒトデの（うに）（ひとで）
なかま！

おおきい からだ

うみの
ほうせきと
よばれているよ!

えら

しょっかく

アオウミウシ

5cm

あさい うみの いわばに
すんでいます。カイの なかまですが、
からは ありません。
「カイメン」という
どうぶつを たべて
どくを ためます。

ハダカカメガイも
ウミウシの なかま

マンボウ　3.3m　10ねん

たまごは 1mmなのに
とても おおきくなるので
てきに ねらわれません。
おおきな せびれと
しりびれを うごかして
すすみます。

くちばしの
ような は

はらびれが
ない

8 かくれちゃう！

あんぜんなところに　かくれて
てきに　ねらわれないように　しています。

あな のなかにかくれる

アナウサギ
（あ　な　う　さ　ぎ）

📏 38〜50cm（せんちめーとる）
⚖️ 1.5〜3kg（きろぐらむ）

そうげんや　もりで　トンネルを　ほって
すを　つくります。
きけんを　かんじると　じめんを　けって
なかまに　しらせます。

ノウサギよりも
みじかい　みみ（のうさぎ）

すが
あるから
あんしん！

みじかい　あし

ノウサギと
アナウサギ
（のうさぎと　あなうさぎ）

すあなを　つくらない　ノウサ
ギと、すあなを　つくる　アナ
ウサギは　おなじ　ウサギの
なかまです。ノウサギのほうが
みみも　あしも　ながいです。

けは　ほとんど　ない

つちを　ほる　まえば

ハダカデバネズミ
（はだかでばねずみ）

📏 8〜9.2cm（せんちめーとる）　⚖️ 30〜80g（ぐらむ）　⏳ 30ねん

トンネルの　なかに　すんでいて、
きの　ねっこを　たべます。
こどもを　うむ　じょおうメス（めす）を　リーダー（りーだー）に
さいだい　300ぴきの　むれを　つくります。

チンアナゴ

📏 40cm（せんちめーとる） 🐟 3〜5ねん

あたたかくて　ながれの
はやい　うみで　くらしています。
すなから　からだを　だして
プランクトンを　たべます。
きけんを　かんじると
あなに　ひっこみます。

しろに　くろの
みずたま
もようだよ

クイズ しゃしんの　サカナは　チンアナゴ？　ニシキアナゴ？　こたえはこのページのしただよ

ニョロ〜ン

タコノマクラ

📏 10cm（せんちめーとる）

ふかさ　15〜30mの　うみで
せいかつしています。てきに　みつからないように
すなに　もぐります。

はなのような　もよう

くち

すなを　ほる　あし

アサリ

📏 からのおおきさ4cm（せんちめーとる） 🐟 8〜9ねん

かわが　うみに　ながれこむところに　います。
すなに　もぐったまま　くちを　のばして
プランクトンを　たべます。

むれのなかにかくれる

だれかは
にげられる！

おおきい　むれは
10おくひき

はると　なつは　つめたい　うみに、
あきと　ふゆは　あたたかい　うみに
いどうします。
むれを　おおきくすると
おおきな　いきものに　みえるので
てきが　こうげきしにくくなります。

くろい　てん

かわいた　ひあたりの　よい　つちの　なかで
くらしています。さいだいの　むれは　2000びきです。
アリたちは　じょおうアリのために
せっせと　はたらきます。

おおきな
あご

ほそく
くびれている

アリの　けっこん

むれの　アリの　かずが　ふえると、はねの
はえた　あたらしい　じょおうアリと　オス
アリが　うまれます。5がつになると　あた
らしい　じょおうアリと　オスアリは　たび
だち、べつの　あたらしい　じょおうアリや
オスアリと
であいます。

ちがう いきもの にまもってもらう

カクレクマノミ
かくれくまのみ

🌡 9cm　🐟 6〜10ねん

あたたかい　うみの　イソギンチャクの
すきまに　すんでいます。
からだから　ヌルヌルした　えきを
だしていて、イソギンチャクの
どくばりに　さされません。

これで
あんしん！

オレンジに
しろい　せん

ナンヨウハギ
なんようはぎ

🌡 31cm　🐟 10ねん

あたたかい　うみで　むれで
せいかつしています。
ちいさいころは　サンゴの　すきまに　すみ、
おおきくなると　いわばに　いどうします。
よるや　おどろいたときに
サンゴに　かくれます。

からだは　あおく、
おびれが　きいろ

エンドウヒゲナガ
エンドウヒゲナガ
アブラムシ

🌡 4mm

しょくぶつの　しるを　すっています。
おしりから　あまい　ミツを　だして
アリを　おびきよせて
てきから　まもってもらいます。

みどりいろの
からだ

ちかくのものに へんしんする

するどい
かぎづめ

きの
みきに
へんしん！

きの　かわと
おなじ
もよう

ヒヨケザル

📏 33〜42 cm　⚖ 1〜1.75 kg

きの　うえで　せいかつし、きの　はっぱや
くだものや　はなを　たべます。
モモンガのように　ひまくを　つかって
100mいじょうも　とべます。

かれた
はっぱみたい

はっぱに
へんしん！

コノハムシ

📏 6.3 cm

はっぱに　そっくりなので
トリに　みつかりません。
メスには　とぶための　はねが　ありません。

かれはに
へんしん！

クイズ

カレハガ

📏 まえばねのながさ 2.2〜3cm（オス）/
4〜4.5cm（メス）

9cmの ようちゅうは ウメや モモの はっぱを たべます。
きや じめんに とまって かれはに なりきります。

この たまごは
ナナフシモドキの たまご？
カレハガの たまご？
こたえはこのページのしただよ

ほそい
からだ

えだに
へんしん！

ナナフシモドキ

📏 5.7〜6.2cm（オス）/
7.4〜10cm（メス）

えだや くさの ふりをして てきから かくれます。
はねが なく、そらを とぶことは できません。
がんじょうな たまごは トリに たべられても
ふんと いっしょに でてきます。

クイズのこたえ：ナナフシモドキのたまご

9 スキだらけ！

のんびりしすぎて　てきに　おそわれやすい
スキだらけの　いきものが　います。

カンガルーの
ように　おなかに
ふくろが
あるよ！

クイズ

ウォンバットの
うんちの　かたちは？
こたえはこのページのしただよ

ウォンバット

📏 1 m　⏱ 20〜35 kg　🔆 5ねん

そうげんや　もりで　トンネルを　ほって
すを　つくります。くさや　きの　かわや
きのこを　たべます。にんげんを　あまり　こわがらず、
いえの　ちかくまで　くることが　あります。

とても　かたい　おしり

マレーグマ

📏 1〜1.5m　⏱ 25〜65kg
🕐 20〜25ねん

あつくて　よくあめが　ふる　もりに
すんでいます。クマの　なかまで
いちばん　ちいさく、
おだやかな　せいかくです。

ベローン

けが
みじかい

ながい　したで
ムシや　ハチミツを
なめとる

きのぼりが
とくいだよ！

おかあさんは
こどもを
おんぶする

ながい
したは
60cm！

はが　ない

おおきく
するどい　つめ

オオアリクイ

📏 1.1〜2m　⏱ 23〜39kg
🕐 15〜20ねん

サバンナや　ジャングルで　くらしています。
つめで　アリづかを　こわして、1にちに　3まんびきも
アリを　たべます。1にち　14〜15じかん　ねます。

たっぷり
ねないと！

コアラ
（こあら）

- 📏 72〜78cm
- ⚖️ 12kg（オス）/ 8kg（メス）
- ⏳ 13〜18ねん

きの　うえで　すごしていて、
どくが　ある　「ユーカリ」という
きの　はっぱを　たべます。
こどもは　おかあさんの　うんちを
たべて、どくが　きかない
からだになります。
1にちに　20じかんも　ねます。

えだを　しっかり　つかめる
するどい　つめ

ながい　みみ

ちいさいけれど
ちからもち！

ソマリノロバ
（そまりのろば）

- 📏 2m　⚖️ 230〜270kg
- ⏳ 20〜40ねん

そうげんや　かんそうしているところに
すんでいて、おとなしいです。
にんげんが　かいならした　ロバは
ソマリノロバの　なかまです。

あしに
しまもよう

えさの　せいで
からだが
ピンクになるよ

うすい
ピンク

チリーフラミンゴ

📏 1 m　⚖ 2 kg　⏳ 25 〜 50ねん

たかい　やまの　みずうみや
うみの　そばに、100 〜 1000わの
むれで　くらしています。
ほかの　フラミンゴと　くらべると
のんびりとしています。

クイズ

フラミンゴが
ねるときは
かたあしで　たつ？
すいめんに　うかぶ？
こたえはこのページのしただよ

せかいいち
ちいさな
カバだよ！

ふつうの　カバの
はんぶんくらいの
おおきさ

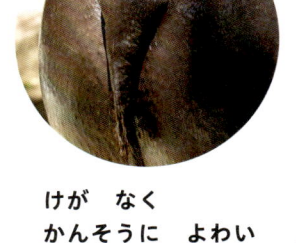

けが　なく
かんそうに　よわい
はだ

コビトカバ

📏 1.5 〜 1.8 m　⚖ 160 〜 270 kg
⏳ 30 〜 50ねん

あついところの　かわの　ちかくの　もりで
せいかつしています。おとなしくて
ほかの　どうぶつと　たたかいません。

クイズのこたえ：かたあしでたつ

ウマのような かお

タツノオトシゴ

📏 10cm　⏳ 1〜5ねん

あたたかい うみの いわばや
サンゴしょうに います。
しっぽを かいそうや サンゴに まきつけて
ゆらゆら ゆれています。

からだが
とうめい！

ソリハシコモンエビ

📏 さいだい 5cm

うみの サンゴしょうや
いわばで くらしています。
ほかの サカナに ついた
きせいちゅうを
たべます。

ウツボの
からだを そうじ

リュウグウノツカイ

📏 6.8m　⏳ さいだい 20ねん

ふかさ 200〜1000mの うみに すみ、
ながれに のって たちおよぎをしています。
おだやかで にんげんを おそいません。

おなかが へりすぎると
じぶんの からだを
きりおとして
エネルギーを せつやくする

68

ふさふさの　け

ミツバチ
（み　つ　ば　ち）

🔲 1.2 ～ 1.3 cm（せんちめーとる）

きに　すを　つくり、
はなの　ミツを　あつめます。
とても　おとなしく、
こうげきしなければ　おそってきません。

クイズ
（く　い　ず）

にほんの　ミツバチの
むれは　スズメバチに
かてる？　かてない？
こたえはこのページのしただよ

アゲハチョウ
（あ　げ　は　ちょ　う）

🔲 まえばねのながさ 3.5 ～ 6 cm（せんちめーとる）
⏱ せいちゅうご 2 しゅうかん～ 1 かげつ

やまや　まちなかに　くらしていて、
はなの　ミツを　さがして
ひらひらと　とびます。
ようちゅうは　みかんの　なかまの
きの　はっぱを　たべます。

うすい　きいろと
くろの　はね

ほそながい　くち

アゲハチョウの　ようちゅう
（あ　げ　は　ちょ　う）

10 おそわれても にげない

てきに おそわれても にげない いきものが います。

フクロウオウム（ふくろうおうむ）　📏 64 cm　⏱ 4 kg

「ニュージーランド」という しまぐにに すんでいる とべない オウムです。
きけんを かんじると まわりの けしきに とけこむために
うごかなくなります。オスは おおきな こえを だして
メスを よび、ダンスで アピールします。

がっしりとした あし

なぜ とべないの？

にんげんが しまに くるまえは てきが いなかったので、じめんを あるくようになって とべなくなりました。

みどりいろの はね

かおは　しろく、
めの　まわりが　くろい

アナグマ

📏 44〜61 cm　⚖ 2〜7 kg　⏳ 7〜15 ねん

もりで　あなを　ほって　すごしています。
きけんが　せまると　しんだふりをします。
なまえに　「クマ」と　つきますが
イタチの　なかまです。

ゲコ
ゲコ

すべての　ゆびに　きゅうばん

アマガエル

📏 2.2〜3.9 cm（オス）/
2.6〜4.5 cm（メス）

くさむらや　もりに
すんでいて、
ちいさな　ムシを　たべます。
てきに　おそわれると
しんだふりをして
てきが　はなれるのを
まちます。

きのぼりに
べんりな
ながい　しっぽ

しんだふり

オポッサム

📏 39〜48 cm　⚖ 4〜5.5 kg

もりや　がにんげんの　いえの　まわりで
くらしています。くさい　においを
だして　しんだふりをします。
1かいに　20ぴきの　こどもを　うみます。

71

コガネムシ

📏 1.7〜2.4 cm

ようちゅうは くさや
きの ねっこ、せいちゅうは
きの はっぱを たべます。
きけんを かんじると
あしを おりたたんで
じめんに おち、しんだふりをします。

ピカ
ピカ

みる かくどで
ちがう いろに
みえるよ！

みどりや
どういろに
かがやく

キラキラ

きれいな
いろ

ほそながい
からだ

いろが きれいなのは
なぜ？

コガネムシや タマムシは きんぞく
のように ひかっています。トリは
このかがやきが きらいです。

タマムシ

📏 3〜4 cm
（ヤマトタマムシのばあい）

ようちゅうは き、せいちゅうは きの はっぱを たべます。
きの なかに たまごを うみつけます。

トゲヒシバッタ

📏 1.8～1.9cm（オス）/
1.7～2.1cm（メス）

かわや ぬま、たんぼの ちかくで
くらしています。
カエルに たべられそうになると
あしを のばして
のみこまれないようにします。

むねの りょうがわに
とげが ある

クイズ

しんだふりをする
いきものの しゅるいが
おおいのは
ムシ？ カエル？
こたえはこのページのしただよ

ヒメシロコブゾウムシ

📏 1.2～2.4cm 🐛 せいちゅうご 2 かげつはん

くろい からだに しろい こなが ついています。
とぶことは できません。
ようちゅうは しょくぶつの ねっこ、
せいちゅうは はっぱを たべます。

しんだふり

しろい からだ

ゾウのような
くち

11 くらせるばしょが すくない

とくべつな　ばしょにしか　いない
いきものが　います。

クイズ

ニホンカモシカは
シカの　なかま？
ウシの　なかま？
こたえはこのページのしただよ

みじかい　つの

ニホンカモシカ

📏 1.1〜1.2 m　⏱ 30〜50 kg

にほんの　もりや
やまにしか　いません。
めの　したから　でる
においを
きに　こすりつけて
なわばりを　しらせます。

においが　でる

ふとくて
しっかりとした　あし

はなが
おおきいほど
メスに
にんき！

てんぐのように
ながい　はな

おおきな
おなか

てに　みずかきが
ついていて、
およぎが　とくい

テングザル

📏 73〜76cm（オス）/ 54〜64cm（メス）
⚖️ 14〜24kg（オス）/ 8.2〜11.8kg（メス）　⏳ 20ねん

「ボルネオとう」という　しまにしか　いません。
かわの　ちかくや　あめの　おおい　もりの
きの　うえで　くらしていて、
きの　はっぱを　たべます。

くりいろの
あたま

チュン
チュン

ほおが
くろい

スズメ

📏 14〜15cm　⚖️ 24g
⏳ 3ねん

にんげんの　いえの　ちかくで　くらしていて、
にんげんが　いないところには　いません。
みずや　すなを　あびて
からだを　きれいにします。

みみが
いい

ほそい
なかゆび

しっぽに しぼうを
たくわえることが
できる

アイアイ

📏 40 cm　⏱ 2.6 〜 2.8 kg　⏳ 20 ねん

「マダガスカルとう」という　しまの、
あめが　たくさん　ふる　もりにしか
いません。ほそい　なかゆびで
きの　なかに　いる　ようちゅうを
ひっぱりだして　たべます。

クアッカワラビー

📏 40 〜 54 cm　⏱ 2.7 〜 4.2 kg　⏳ 10 ねん

「オーストラリア」という　くににしか
いません。しょくぶつの　はっぱや
きの　かわを　たべます。
くちの　はじっこが　あがっていて
いつも　わらっているように　みえます。

おおきさで　なまえが　かわる

カンガルーの　なかまには　「カンガルー」、「ワラルー」、「ワラビー」が　いますが、ちがうのは　おおきさだけです。からだが　おおきいのが「カンガルー」、ちゅうくらいのが「ワラルー」、ちいさいのが「ワラビー」です。

ニコッ

カモノハシ

📏 30〜45cm　⏱ 500g〜2kg
🗓 15〜20ねん

オーストラリアにしか いません。かわの ちかくに
あなを ほって くらしています。めを つむって
およぎ、くちばしで ムシや カイが だす でんきを
かんじて つかまえます。

みずの なかを
すいすい
およぐよ

カワウソのような
からだ

ビーバーのような
しっぽ

オスの かかとの
どくばり

アヒルのような
くちばし

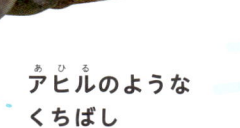

みじかい
みみ

ぜんしん くろい

アマミノクロウサギ

📏 42〜51cm　⏱ 1.3〜2.7kg　🗓 15ねん

にほんの 「あまみおおしま」や
「とくのしま」という しまの
もりの おくに すんでいます。
アナウサギや ノウサギより あしが みじかく、
あまり はやく はしれません。

12 やせいには もどれない！

やせいの いきものを にんげんが かいならしました。
にんげんと いっしょに くらしています。

ネコ

ペットの ネコは 「イエネコ」と よばれます。
1まんねんくらいまえから にんげんと くらし、
はたけの やさいを ねらう ネズミを
とりました。

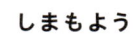
しまもよう

おおきな あたまと
まるい め

シャム
<ruby>シャム<rt>しゃむ</rt></ruby>

⏲ 2.5～4 kg

からだが ほそく、
かおや しっぽが くろいです。

おれた みみ

まえあしと
うしろあしの
さきも くろい

スコティッシュ フォールド

⏲ 4～6 kg

かおが まんまるで
みみが まえに おれています。

ペルシャ

⏲ 3.2～6.5 kg

けが ながく、
はなが ひくいです。

ネコの はじまり

リビアヤマネコを かいやすくし
たのが イエネコと いわれてい
ます。リビアヤマネコは いまも
さばくで くらしています。

たった　みみ

ワン！

イヌ

1まん1000ねんいじょうまえから
にんげんと　くらし、ばんけんや　かりの
てつだいを　してきました。
「カイイヌ」や「イエイヌ」と　よばれています。
かしこくて、リーダーの　いうことを
よくききます。

まいた
しっぽ

あたまが　いい

シバイヌ

⏲ 7〜11 kg

かりの　てつだいを
するために
にほんで　うまれました。

ばんけんも
まかせて！

ボーダー・コリー

⏲ 14〜20 kg

ヒツジの　むれを　まもっていました。

チワワ

⏱ 1〜2 kg

カイイヌの なかで
いちばん ちいさいです。

にんげんの
あかちゃんより
かるい

さむさには
つよいよ！

セント・バーナード

⏱ 54〜91 kg

やまで まよったひとを
さがしていました。

ウサギ

「カイウサギ」と よばれています。
けがわや にくを とるために
アナウサギを かいならしました。

ホーランドロップ

⏱ 900g〜1.4kg

みみが たれていて、
からだが ちいさいです。

みじかい みみ

ネザーランドドワーフ

⏱ 500g〜1.6kg

カイウサギのなかで
いちばん ちいさいです。

せかいいち おおきな ウサギ

もともと たべるために
つくられた フレミッ
シュジャイアントという
ウサギです。たいじゅう
が 10kgを こえるこ
とも あります。

アヒル

- 65〜80cm
- 600〜850g（オス）/ 550〜680g（メス）
- 10ねん

2500ねんいじょうまえに
マガモを　かいならしました。
たまごや　にくを　とるために
いろいろな　しゅるいが
つくられました。

モルモット

- 20〜40cm
- 500g〜1kg
- 8ねん

3000ねんくらいまえに
テンジクネズミを
かいならしたと　いわれています。
いろいろな　しゅるいが　います。

ふとい
くちばし

ジュウシマツ

- 12cm

コシジロキンパラを　かいならし、
いろいろな　いろの
けになるようにしたと　いわれています。

ブタ

イノシシを　かいならし、
おいしくして
こどもを　たくさん
うむようにしました。

プヒ プヒ

ヨークシャー

📏 1〜1.8m　⏱ 200〜340kg

いちどに　10ぴきいじょうも
こどもが　うまれます。

ニワトリ

4000〜5000ねんまえに
セキショクヤケイという　やせいの
トリを　かいならしました。

ハクショクレグホン

1ねんに　280こくらい
たまごを　うみます。

にんげんが　けを
きらないと
いっしょう　のびつづける

ヒツジ

ムフロンという　やせいの
ヒツジを　かいならし、
にくや　けが　たくさん
とれるようにしました。

メリノ

📏 かたまでのたかさ 60〜75cm
⏱ 60〜80kg

やわらかくて　ながい
けが　とれます。

モ〜

ちゃいろい もようの
ウシも いる

ウシ

オーロックスという
やせいの ウシを
かいならして、
にくや ミルクが たくさん
とれるようにしました。

ホルスタイン

📏 1.7m　⚖ 500〜600kg
⏳ 15〜20ねん

1にちに 20〜30Lの
ぎゅうにゅうが とれます。

メェ〜

ふつうは つのが ない

ヤギ

パサンや ベゾアールという
やせいの ヤギを
かいならし、けがわや にくや
ミルクを とりました。

ザーネン

📏 かたまでのたかさ 60〜75cm
⚖ 60〜70kg

ミルクが たくさん とれます。

アルパカ
あ る ぱ か

📏 1.2〜2m　⚖ 55〜65kg
め ー と る　　きろぐらむ

⏳ 20ねん

けを　とるために
ビクーニャを
びく ー にゃ
かいならしました。

いやなことを
されたら
つばを　はく

ラマ
ら ま

📏 1.2〜2.3m　⚖ 130〜155kg
め ー と る　　　きろぐらむ

⏳ 20ねん

にもつを　はこぶために
グアナコを　かいならしました。
ぐ あ な こ

まゆが　いとに　なり
「シルク」ができる
し る く

カイコガ
か い こ が

📏 1.7〜2cm
せんちめーとる

⏳ せいちゅうご1しゅうかん〜10か

「クワコ」という　やせいの　ガを　いとが
く わ こ　　　　　　　　　　　 が
たくさん　とれるようにしました。
ようちゅうは　ほとんど　うごかず、
せいちゅうになっても　はねが　あるのに
とべません。

おおむかしの
いきもの

にんげんが　うまれるよりも
ずっと　まえから　ちきゅうには
いきものが　いました。
おおむかしに　どんなよわい
いきものが　いたのか
みてみましょう。

ちいさい からだ

おおきい きょうりゅうに かこまれても
ちいさい からだで がんばる いきものが いました。

ムシや
ちいさな
どうぶつを
たべていたよ

おりたためる
まえあし

ながい
うしろあし

まるくなって ねむる

なまえは 「しずかに ねむる」という
いみです。おりたたんだ まえあしの あ
いだに あたまを はさみ、しっぽを ま
るめて ねている すがたの かせきが
みつかりました。まるで トリのようです。

メイ　　📏 53 cm　　⏱ 3.6 kg

あしが ながくて はやく はしれたと
かんがえられています。
めや のうが おおきいです。
かしこかったかもしれません。

モノニクス

📏 1m 　⏱ 3〜5kg

とても　みじかい　まえあしに　ある　つめで
シロアリの　すを　こわして
シロアリを　たべていたと
かんがえられています。

なまえは
1つの つめ
という
いみだよ！

おおきな　つめ

クイズ
モノニクスの
つめは　**3.5cm**？
7.5cm？
こたえはこのページのしただよ

オヴィラプトル

📏 2.4m 　⏱ 25〜36kg

トリに　にていたと
かんがえられています。
くちには　くちばし、
あたまには　とさか、
まえあしには　はねが　ありました。

みじかい
しっぽ

いつもはらぺこ

からだが　おおきすぎて　たべても　たべても
すぐに　おなかがすく　いきものが　いました。

とくに　ながい
くび

ちいさい
あたま

マメンチサウルス

📏 22〜26m　⏱ 27t

からだの　ながさの　はんぶんが
くびでした。りゅうきゃくるいの
くびの　ほねは　ふつう　15こくらいですが、
マメンチサウルスは　19こ　あります。

りゅうきゃくるい

ながい　くびと　しっぽを　もつ　おおきな　きょうりゅ
うは　「りゅうきゃくるい」と　よばれています。きの
はっぱや　じめんの　くさを　たくさん　たべるために
くびが　ながくなったと　かんがえられています。

ブラキオサウルス

📏 24〜28m　⏱ 40〜70t

まえあしが　うしろあしより　ながいです。
あたまを　ビルの　4かいの　たかさまで
もちあげて　きの　うえの　はっぱを
たべていたと　かんがえられています。

ながい しっぽ

ディプロドクス
📏 22〜24m 　⏱ 10〜20t

しっぽを むちのように ふりまわして てきを
おいはらったと かんがえられています。えんぴつのような
かたちの はで くさや はっぱを ひきちぎっていました。

**うえに
うごかせない くび**

りゅうきゃくるいの おおくは く
びを うえに あげられませんでし
た。よこに うごかし、あるかない
で じめんの くさを たべていた
と かんがえられています。

アパトサウルス
📏 21m 　⏱ 20〜30t

ディプロドクスより くびが みじかめで ふとく、
あしも ふとくて がっしりとした からだをしていました。

くちさきが
みじかい

カマラサウルス
📏 18m 　⏱ 25〜30t

スプーンのような はを もっています。
あめが ふらない きせつになると、300kmも いどうして
たべものを さがしたと かんがえられています。

あるところがよわい！

からだに けってんが ある いきものが いました。

おおきな いた

やわらかい はっぱを
えだから
とるくらいしか
できない

クイズ ステゴサウルスは
せなかの いたで
こうげきできる？ できない？
こたえはこのページのしただよ

ステゴサウルス

📏 7〜9m ⚖ 2.5〜3.5t

せなかに ほねでできた いたが ありました。
あごの ちからが にんげんの 3ぶんの1くらいしか
ありませんでした。

いた とげ

かっこいい
とげだけど……

ケントロサウルス

📏 5m ⚖ 1〜3t

くびから こしに いた、
こしから しっぽに とげが ありました。
かたにも とげが ありましたが、ほねと
くっついていなかったので、ぶきとして つかえません。

クイズのこたえ：できない

このあたりを
ねらわれる

アンモナイト

1cm〜1m

きょうりゅうよりも まえから
うみに いました。からに
あなが あいている かせきが
たくさん みつかっていて、
じぶんの うでが
とどかなかったり
みえなかったりしたところを
おそわれたと かんがえられています。

がんじょうな
からだ
なのに……

メガテリウム

5〜6m 4〜6t

ナマケモノの なかまで、
きの はっぱを たべていました。
からだは がんじょうでしたが、
うごきが おそくて
にんげんに ねらわれました。

ミクロラプトル

80cm

まえあしと うしろあしに はねが ありました。
まえあしの ちからが よわく、トリのように とぶことが
できなかったので かみひこうきのように かぜに のって
とんだと かんがえられています。

すぐに にげる

てきが ちかづくと すぐに にげる
いきものが いました。

パラサウロロフス
（ぱらさうろろふす）

📏 10m　⏱ 2〜6t

あたまに ある とさかは
はなと つながっていて、
おおきな こえを だすことができたと
かんがえられています。

アヒルの
ような
くちばし

ながい くび

オロロティタン
（おろろていたん）

📏 8〜12m　⏱ 3〜5t

おののような とさかが
ありました。ハクチョウのように
くびが ながいので
「きょだいな ハクチョウ」という
いみの なまえになりました。

ちょうきゃくるい

94〜95ページの きょうりゅう
は 「ちょうきゃくるい」と いい
ます。むれで くらし、てきが
ちかづくと おおきな こえで
なかまに しらせ、みんなで に
げたと かんがえられています。

イグアノドン

📏 6〜11m　⏱ 4〜5t

とげのように　とがった　まえあしの
おやゆびは　15cmも　ありました。
まえあしが　きようで
ものを　つかめたと
かんがえられています。

せかいじゅうで
かせきが
みつかって
いるよ

オウラノサウルス

📏 7m　⏱ 2〜4t

せなかに　おおきな　ほが　あり
からだを　ひやすことが　できたと
かんがえられています。

マイアサウラ

📏 9m　⏱ 3〜4t

メスが　あつまって　すを　つくり、
たまごを　うみました。
たべものを　とってきて
こどもを　そだてたと
かんがえられています。

 監修 小宮輝之 (こみや・てるゆき)

明治大学農学部を卒業後、多摩動物公園の飼育係として奉職。同園、恩賜上野動物園の飼育課長を経て、2004年から2011年まで恩賜上野動物園園長を務める。『つれてこられただけなのに 外来生物の言い分をきく』(偕成社)、『うんちくいっぱい 動物のうんち図鑑』(小学館)、『最強生物大百科』シリーズ(Gakken)、『せかいの国鳥 にっぽんの県鳥』(カンゼン)など、監修書・著書多数。

参考文献
『小学館の図鑑NEO+ぷらす くらべる図鑑』小学館
『小学館の図鑑NEO［新版］動物』小学館
『学研の図鑑LIVE 新版 動物』Gakken
『学研の図鑑LIVE 鳥』Gakken
ナショナルジオグラフィック日本版,
https://natgeo.nikkeibp.co.jp/
東京ズーネット,https://www.tokyo-zoo.net/

STAFF

表紙・本文デザイン
八木孝枝

イラスト
イケマリコ

校正
本郷明子

編集
株式会社スリーシーズン(市瀬恵)
朝日新聞出版 生活・文化編集部(上原千穂)
山根聡太

写真
アフロ、アマナ、PIXTA

はぐくむずかん
よわい いきもの

2025年2月28日 第1刷発行

編 著 朝日新聞出版

発行者 片桐圭子

発行所 朝日新聞出版
〒104-8011 東京都中央区築地5-3-2
(お問い合わせ)
infojitsuyo@asahi.com

印刷所 大日本印刷株式会社